Bibliografische Information der Deutschen Nationalbibliothek:

Die Deutsche Bibliothek verzeichnet diese Publikation in der Deutschen National-
bibliografie; detaillierte bibliografische Daten sind im Internet über http://dnb.d-
nb.de/ abrufbar.

Impressum:

Copyright © 2017 GRIN Verlag
Druck und Bindung: Books on Demand GmbH, Norderstedt Germany
ISBN: 9783668753334

Dieses Buch bei GRIN:

https://www.grin.com/document/428458

Johanna Maria Würtz

Protokolle zu Mikroskopie-Experimenten in der Biologie

GRIN Verlag

Inhaltsverzeichnis

<u>Thema 1: Zellaufbau und Plasmolyse</u>

*Material: Lichtmikroskop, Objektträger, Deckgläschen, Kaliumnitrat KNO3, Calciumnitrat
Ca(NO3)2, Rundfilter, Rasierklinge, Pinzette, Pipetten, Petrischale*
Objekte: Zwiebel - Allium cepa (rot und weiß)
*   Wasser (Leitungswasser und destilliertes Wasser)*

1.1 <u>Zellaufbau Zwiebel (weiß)</u> - *Allium cepa* (Frischpräparat)

Durchführung:
Zur Erstellung einer mikroskopischen Zeichnung von Epidermiszellen im Zellverband von
sechs bis sieben Zellen und deren Aufbau im Detail entfernen wir die trockene äußere
Schicht der gevierteilten Zwiebel und trennen die einzelnen Zwiebelschuppen voneinander.
Dann legen wir zunächst ein gereinigtes Deckgläschen und einen Objektträger bereit, auf
den wir mit einer Pipette einen Tropfen Wasser geben. Die innere konkave Seite einer
Schuppe ritzen wir nun mit einer Rasierklinge rautenförmig ein und ziehen das entstandene
kleine Rechteck mit der Pinzette vorsichtig ab. Im Folgenden geben wir das präparierte
Zwiebelhäutchen in den Wassertropfen auf dem Objektträger und lassen das Deckgläschen
seitlich drüber kippen, um die Entstehung von Luftbläschen weitestgehend zu vermeiden.
Überschüssiges Wasser kann mithilfe des Filterpapiers seitlich abgesaugt werden.

Beobachtung:
Das fertige Frischpräparat betrachten wir unter dem Mikroskop bei 40facher Vergrößerung
und verschaffen uns so einen Überblick über die Anordnung der Zellen im Epidermisgewebe.
Diese liegen länglich und verzahnt in einem geschlossenen Zellverband ohne Interzellularen
vor. Der Zellkern ist mit einem Durchmesser von 15–25μm noch gut sichtbar und liegt im
Zytoplasma zwischen dem Tonoplasten und dem Plasmalemma dicht an der Zellwand. Bei
dieser geringen Vergrößerung nimmt die Zellsaftvakuole den gesamten Zellinnenraum ein
und der Zellkern scheint teilweise in deren Innerem zu liegen oder ist gar nicht zu sehen. Die
Ursache dieses Phänomens liegt in der zweidimensionalen Darstellung der Zelle, der Nukleus
befindet sich in diesem Fall entweder oberhalb oder unterhalb der Vakuole. Auch die
Zellwand, Zellmembran und Vakuolenmembran sind optisch nicht voneinander getrennt dar
zu stellen.
Die Betrachtung einer Epidermiszelle im Detail bei 400facher Vergrößerung erlaubt dagegen
eine Trennung der, durch den Tonoplasten begrenzten Vakuole, einer Art Plasmaschlauch
und des Plasmalemmas, welches sich direkt an die Zellwand mit Mittellamelle anschmiegt.
Der Zellkern ist in der Kerntasche ebenfalls von Zytoplasma umgeben und wird von der
Vakuole gegen die Zellwand gepresst.

1.2 <u>Plasmolyse Zwiebel (rot)</u> - *Allium cepa* (Frischpräparat)

Durchführung:
Ziel dieses Versuches ist die Beobachtung der Plasmolyse in den Zellen der roten Zwiebel
unter Zugabe zweier verschiedener Nitratlösungen. Die ersten Schritte zur Erstellung dieses
Präparates entsprechen denen des ersten Versuches, allerdings nutzten wir hier einen
Ausschnitt der rot-violetten äußeren Seite des Speicherblattes.
Nachfolgend geben wir mit einer frischen Pipette einen Tropfen konzentriertes Kaliumnitrat
unmittelbar neben dem Deckgläschen auf den Objektträger und saugen diesen mithilfe des
Rundfilters von der entgegengesetzten Seite unter dem Präparat hindurch. Nach einer

Beobachtungszeit und eventuell weitern Zugaben der Salzlösung können wir die Veränderungen zeichnen.

Um die Zelle im Anschluss in ihren neutralen Ausgangszustand zurück zu bringen, führen wir dieselben Schritte mit destilliertem Wasser durch und können infolge einer vollständigen Deplasmolyse, eine Plasmolyse mit Calciumnitrat induzieren und die Veränderungen beobachten und zeichnen.

Beobachtung:
Der Zellaufbau bei 400facher Vergrößerung ähnelt dem der weißen Küchenzwiebel. Die, durch den im Zellsaft enthaltenen Farbstoff Anthocyan rot gefärbte Vakuole nimmt auch hier beinahe den gesamten Zellinnenraum ein und presst den Nukleus und das ungebende Zytoplasma an die Zellwand.

Bei der Plasmolyse löst sich das Plasmalemma stellenweise von der starren Zellwand ab und die vom Tonoplasten begrenzte Vakuole schrumpft sichtbar zusammen. Gut zu erkennen sind die abgelöste Zellmembran und das Zytoplasma als heller Saum, während sich als Konsequenz der gestiegenen Konzentration des Farbstoffes die rote Färbung der Vakuole intensiviert.

Ursächlich für die Verkleinerung des Protoplasten ist der osmotische Ausgleich des Wassergehaltes der Zelle gegenüber der hypertonischen Salzlösung in der Umgebung. Dabei rundet sich der Protoplast unter dem Einfluss von Kaliumnitrat im Laufe der Plasmolyse ab und macht die typische Form der Konvexplasmolyse erkennbar.

Bei Zugabe von destilliertem Wasser ist dagegen der osmotische Wert des Zellplasmas höher, Wasser diffundiert ins Zellinnere und die Vakuole sowie das umgebende Plasma dehnen sich wieder aus, bis die relative Starrheit der Zellwand beziehungsweise das Erreichen eines isotonischen Verhältnisses eine weitere Erweiterung verhindert.

Durchsetzen wir unser Präparat im Anschluss an die Deplasmolyse nun mit Calciumnitrat, so zieht sich der Protoplast wie schon beim ersten Versuch zusammen. Allerdings erfolgt die Ablösung hier nicht glatt und die Abrundung bleibt aufgrund der starken Wandhaftung besonders im Bereich der Plasmodesmen aus. Der plasmatische Inhalt der Zelle nimmt daher eine verzerrte Form mit mehr oder weniger großen Einbuchtungen an, die wir als Konkav-plasmolyse bezeichnen.

<u>**Thema 2: Plasmaströmung und Plastiden (Cloroplasten)**</u>

Material: Lichtmikroskop, Wasser, Objektträger, Deckgläschen, Rundfilter, Rasierklinge,
Pinzette, Pipette, Petrischale, Styroporquader
Objekte: Kürbispflanze, Schönschnabelmoos, Winterweizen

2.1 Plasmaströmung Kürbis – *Cucurbita* spec. (Frischpräparat)

Durchführung:
Zur Herstellung eines Frischpräparates von Kürbishaaren schaben wir mit einer Rasierklinge
die Härchen einschließlich der Basis vom Stängel eines Laubblattes ab und geben diese in die
vorbereiteten Wassertropfen auf dem Objektträger. Dann lassen wir über jedes Präparat ein
Deckgläschen von der Seite her darüber kippen, um die Entstehung von Luftbläschen
weitestgehend zu vermeiden. Überschüssiges Wasser kann mithilfe des Filterpapiers seitlich
abgesaugt oder zusätzliches mit der Pipette über den Rand des Deckgläschens hinzugefügt
werden.
Um nun zwei mikroskopische Detailzeichnungen der gleichen Kürbishaar-Zelle mit
unterschiedlicher Lage der Chloroplasten anfertigen zu können, betrachten wir die
Kürbishaare zunächst bei 40 und später bei 100facher Vergrößerung und suchen uns ein
geeignetes Haar und eine Zelle aus. Diese betrachten wir im Folgenden bei 400facher
Vergrößerung und zeichnen insbesondere die Lageveränderung der Chloroplasten in einer
zeitlichen Differenz von ca. 5 Minuten auf. Diese Bewegung wird in der ersten Zeichnung
durch Pfeile gekennzeichnet.

Beobachtung:
Bei unserem Kürbishaarpräparat erkennen wir unter dem Mikroskop die typischen
Bestandteile einer Pflanzenzelle. So schließt sich an die Zellwand das das Zytoplasma
umgebende Plasmalemma an. Der Zellkern liegt im Zytoplasma nahe an der Zellwand,
ebenso wie auch die Mehrzahl der aufgrund des Chlorophylls grün erscheinenden Plastiden.
Die anderen Chloroplasten bewegen sich mit der Plasmaströmung durch die Plasmastränge,
welche die Vakuole durchziehen.
In meinem Präparat scheinen diese photosythetisch aktiven Zellorganellen allerdings in der
Vakuole zu liegen, die den Großteil der Zelle einnimmt. Die Plasmastränge liegen hier
unterhalb der Vakuole und sind aufgrund der zweidimensionalen Darstellung nicht oder nur
teilweise sichtbar, können aber durch die Lage und das Strömungsverhalten der Plastiden
erahnt werden. Durch die Lageveränderung der Chloroplasten wird in der mir vorliegenden
Zelle eine zirkulierende Plasmaströmung erkennbar.

2.2 Chloroplasten Schönschnabelmoos – *Euryhnchium* spec. (Frischpräparat)

Durchführung:
Auch für die Erstellung eines Frischpräparates vom Schönschnabelmoos legen wir als erstes
einen Objektträger mit einem Wassertropfen und ein Deckgläschen bereit. Mit der Pinzette
zupfen wir nun einige Moosblättchen möglichst nahe des Sprosses ab und geben diese in
den Wassertropfen. Das Deckgläschen wird wie beim ersten Versuch über das Präparat
gekippt. Bei 100facher Vergrößerung suchen wir uns ein geeignetes Blatt aus und zeichnen
den Umriss des gesamten Blattes sowie etwa ein Viertel der Zellen und die gesamte
Mittelrippe. Eine Detailzeichnung des Zellverbandes von 5-6 Zellen mit Chloroplasten
zeichnen wir bei 400facher Vergrößerung.
Beobachtung:

Der Blattgrund des Moosblättchens erscheint schon bei geringer Vergrößerung ungleichmäßig gerissen als Ergebnis der Trennung von der Sprossachse. Mittelrippe und Lamina werden durch einen geschlossenen Zellverband aus länglichen, verzahnten Zellen gebildet, die im Bereich der Mittelrippe deutlich enger und gehäufter auftreten, was wiederum die dunklere Färbung bewirkt. Die bei 400facher Vergrößerung erstellte Detailzeichnung eines Zellverbandes von etwa 5-6 Zellen offenbart den groben Zellaufbau in dem Gefüge. Die Zellen werden untereinander durch dick und hell erscheinende Zellwände getrennt und sind gefüllt mit Zytoplasma. Auch bei diesen Zellen erscheinen die Chloroplasten in unmittelbarer Nähe zur Zellwand, da die Vakuole den größten Anteil des Zellinnenraums einnimmt. Ein Zellkern ist in dem mir vorliegenden Präparat jedoch nicht sichtbar.

2.3 Plastiden (Cloroplasten) – *Triticum aestivum* (Frischpräparat)

Durchführung:

In Folge der Vorbereitung des Objektträgers mit Wassertropfen, schnitzen wir mit der Rasierklinge für diesen Versuch den länglichen Styroporquader an einer der beiden kleineren Flächen zu einer Satteldachform zu, von der wir der Länge nach die Spitze entfernen. Einen ca. 2 cm tiefen Schnitt von der Mitte der entstandenen 2mm breiten Fläche senkrecht nach unten können wir durch seitlichen Druck einen Schlitz weit öffnen. Ein Blatt des Winterweizens kann auf diese Weise in das Schaumpolystyrol eingespannt und mit der Rasierklinge in hauchdünnen Schichten abgetragen werden. (Bei zu dickem Schnitt entsteht eine Aufsicht.) Die Blattquerschnitte geben wir in die Wassertropfen und legen das Deckgläschen darüber. Wasser kann auch hier zur Verbesserung der Präparatqualität nach Bedarf hinzugefügt oder entnommen werden.
Ziel des Versuches ist auch hier eine Übersichtszeichung des Blattquerschnitts bei 100facher und eine Detailzeichnung von 5-6 Zellen aus der Epidermis mit 5-6 daran anschließenden Mesophyllzellen und den darin enthaltenen Chloroplasten
bei 400facher Vergrößerung.

Beobachtung:

Das Laubblatt des Winterweizens gliedert sich im Querschnitt in die obere Epidermis, das Mesophyll und die untere Epidermis. Auch wird in der Übersicht ein Leitbündel mit Xylem und Phloem sichtbar. Die Epidermiszellen bilden ein Abschlussgewebe aus einer Schicht lückenlos aneinander gelagerter Zellen (auch Haarzellen) und produzieren als zusätzlichen Schutzfaktor die Wasser abstoßende Cutikula, die bei größtmöglicher Vergrößerung wie eine Verdickung der äußern Zellwände erkennbar ist. Da in diesem Gewebe die Schutz- und Ausgleichsfunktion Vorrang hat, besitzen diese Zellen keine Chloroplasten und sind dadurch durchlässig für Licht. Der Prozess der Photosynthese läuft daher im Mesophyll des Blattes ab. Die Zellen im Palisaden- und Schwammparenchym sind stark chlorophyllhaltig und ermöglichen durch Interzellularräume außerdem einen großflächigen Gasaustausch. Das Palisadengewebe wird bei der Detailzeichnung durch die beiden aufrecht und dichter stehenden Zellen deutlich sichtbar, während die Zellen des Durchlüftungsgewebes runder erscheinen und von größeren Zellzwischenräumen umgeben sind. Die große Anzahl Chloroplasten scheint in zweidimensionaler Betrachtung den gesamten Zellinnenraum im Mesophyll ein zu nehmen, wird aber in Wirklichkeit durch die Vakuole an die Zellwand gedrückt. Aus dem gleichen Grund sind auch die Zellkerne der betrachteten Zellen nicht sichtbar.

<u>**Thema 3: Plastiden – Chromoplasten und Reservestoffe**</u>

*Material: Lichtmikroskop,   Wasser, Objektträger, Deckgläschen, Rundfilter, Rasierklinge,
Pinzette, Pipette, Petrischale*

Objekte: Hagebutte, Möhre, Gartenbohne, Kartoffel

3.1 Chromoplasten Hagebutte - *Rosa canina* (Ölpräparat)

Durchführung:
Zur Herstellung des Präparates einer in Öl eingelegten Hagebutte halbieren wir diese
zunächst, fertigen dann mit der Rasierklinge einen Dünnschnitt des Fruchtfleisches an und
geben diesen in einen Wassertropfen auf dem Objektträger. Das Deckgläschen kippen wir so
über das fertige Präparat, dass möglichst wenige Luftbläschen mit eingeschlossen werden.
Überschüssiges Wasser kann mithilfe des Filterpapiers seitlich abgesaugt oder zusätzliches
mit der Pipette über den Rand des Deckgläschens hinzugefügt werden. Das Ergebnis
betrachten wir im Lichtmikroskop bei 400facher Vergrößerung und fertigen Zeichnungen von
einem Zellverband und Chromoplasten verschiedener Ausformungen an.

Beobachtung:
Bei unserem Hagebuttenpräparat erkennen wir die typischen Bestandteile einer
Pflanzenzelle. So schließt sich an die Zellwand das das Zytoplasma umgebende Plasmalemma
an. Der Zellkern liegt im Zytoplasma nahe an der Zellwand, ist aber in meinem Präparat
durch die Dreidimensionalität der Zelle meist nicht zu sehen. Auch die orangefarbenen
Chromoplasten erscheinen spindelförmig an den Rand gelegt. Einige Plastiden befinden sich
in der zweidimensionalen Darstellung scheinbar in der Vakuole, liegen in Wirklichkeit aber
darüber. Die Vakuole nimmt den Großteil der Zelle ein, hier allerdings nicht gesondert
erkennbar.
Die Chromoplasten treten zumeist in Stapeln länglicher Organellen auf, was darauf hinweist,
dass die Frucht bereits älter ist. Daneben finden wir auch einige nahezu kugelige und eckige
so genannte Carotenkristalle.

3.2 Chromoplasten Möhre - *Daucus carota* (Frischpräparat)

Durchführung:
Auch für die Erstellung eines Frischpräparates der Möhre legen wir als erstes einen
Objektträger mit Wassertropfen und ein Deckgläschen bereit. Mit der Rasierklinge fertigen
wir nun einige Dünnschnitte vom äußeren Teil der Wurzel an und geben den dünnsten in
den Wassertropfen. Wie beim ersten Versuch kippen wir das Deckgläschen über das Objekt
und beobachten und zeichnen nach obiger Anleitung.

Beobachtung:
Die bei 400facher Vergrößerung erstellte Übersichtszeichnung eines Zellverbandes von etwa
4-5 Zellen offenbart den recht eckigen und lückenlosen Zellaufbau in dem Gefüge. Die Zellen
werden durch Zellwände getrennt, sind gefüllt mit Zytoplasma und beinhalten eine große
Anzahl vielfältig ausgeformter Chromoplasten. Diese Plastiden treten hier ebenfalls länglich
und kugelig, aber auch rechteckig tubulär, kristallin, gebändert und schraubig auf.
Die Zellkerne und Vakuolen sind in meinem Präparat wie schon in 3.1 nicht sichtbar.

3.3 Plastiden / Reservestoffe Gartenbohne - *Phaseolus vulgaris* (Frischpräparat)

Durchführung:

In Folge der Vorbereitung des Objektträgers mit Wassertropfen, entfernen wir die aufgeweichte Samenschale und fertigen von einem Keimblatt einen Dünnschnitt an, den wir den Wassertropfen geben. Das Deckgläschen legen wir darüber und passen auch hier zur Verbesserung der Präparatqualität die Wassermenge an.

Ziel der Betrachtung bei 400facher Vergrößerung ist auch hier die Anfertigung einer Übersichtszeichnung des Zellverbandes und eine Detailzeichnung der Plastiden.

Beobachtung:

Wie bei den vorangegangenen Objekten ist auch in dem mir vorliegenden Präparat der Keimblattzellen von der Gartenbohne in der zweidimensionalen Projektion weder ein Zellkern noch die Vakuole erkennbar. Ansonsten weisen die im Zellverband ohne Interzellularen angeordneten, rechteckigen bis bohnenförmigen Zellen den typischen Aufbau pflanzlicher Zellen auf. Die getüpfelte Zellwand ermöglicht einen Stoff- und Informationsaustausch zwischen den Zellen. Das Plasmalemma geht an diesen Stellen von einer in die andere Zelle über und Plasma- sowie ER-Stränge stellen direkte interzellulare Verbindungen her. Die gehäuft auftretenden Stärkekörner sind relativ groß und besitzen runde oder ovale Formen. Die Schichtung der Stärkeablagerungen ist nur in vereinzelten Plastiden erkennbar und weist beinahe gleichmäßige Abstände auf. Vom Bildungszentrum ausgehend zeigen die Amyloplasten charakteristische radiale Risse.

3.4 Reservestoffe Kartoffel - *Solanum tuberosum* (Frischpräparat)

Durchführung:

Zur Anfertigung einer Detailzeichnung von Stärkekörnern der Kartoffelknolle geben wir in einen Wassertropfen auf dem Objektträger den stärkehaltigen Saft, den wir von einer frischen Schnittfläche abgeschabt haben. Die entstandene Lösung wird wie gewohnt mit dem Deckglas bedeckt und bei 400facher Vergrößerung untersucht.

Beobachtung:

Schon bei geringen Mengen des Saftes der Zellen aus dem Speichergewebe einer Kartoffel finden wir in der Lösung eine Vielzahl von Amyloplasten. Diese Stärkekörner sind etwa 70-100 µm groß, besitzen zumeist eine unregelmäßige, runde bis ovale Gestalt und sind umgeben von einer Doppelmembran. Von dem so genannten Bildungszentrum ausgehend, ergibt sich durch die radiäre Ablagerung von Stärkemolekülen eine Schichtung, die im Frischpräparat durch das Lichtmikroskop deutlich erkennbar ist. Teilweise befinden sich in einem Plastid zwei Bildungszentren, sodass sich dementsprechend zwei Stärkekörner bilden.

<u>**Thema 4: Zellwand und Zellwandmodifikationen**</u>

Material: Lichtmikroskop, Wasser, Objektträger, Deckgläschen, Rundfilter, Rasierklinge, Pinzette, Pipette, Petrischale, Astrablau-Safranin-Lösung

Objekte: Riemenblatt, Waldrebe, Birne, Zyperngras

<u>4.1 Zellwand Blattquerschnitt Riemenblatt - *Clivia miniata* (Alkoholpräparat)</u>

Durchführung:
Zur Doppelfärbung eines Präparates des in Alkohol eingelegten Riemenblattes geben wir anstelle eines Wassertropfens einen Tropfen Astrablau-Safranin-Lösung als homogenes, durchsichtiges Medium zur Verminderung der Lichtbrechung und -streuung auf den Objektträger. Diese Lösung setzt sich zusammen aus 0,5%igem Astrablau in 0,5%iger Essigsäure und 0,5%igem Safranin in wässriger Lösung. Das Mischungsverhältnis beträgt dabei 5 - 50 Astrablau : 1 Safranin.
Im Anschluss stellen wir einen Dünnschnitt von einer frischen Querschnittsfläche des Riemenblattes her, wofür wir zunächst etwa 0,5 cm des konservierten Laubblattes entfernen. Zur bessern Auswahlmöglichkeit eines repräsentativen Ausschnitts können mehrere Schnitte in die Färbelösung auf den Objektträger gegeben werden. Ein darüber gekipptes Deckgläschen sorgt für die nötige Oberflächenspannung des Präparates. Ziel dieses Versuches ist die Erstellung einer Übersichtszeichnung des Zellverbandes im Bereich der Cuticula bis zum Mesophyll bei einer Vergrößerung von 10x10, sowie einer Detailzeichnung bei 400facher Vergrößerung.

Beobachtung:
Wir erkennen in unserem Präparat zwar deutlich den Aufbau einer pflanzlichen Zelle, jedoch ergeben sich deutliche Unterschiede zwischen dem Epidermisgewebe und Mesophyll: Die Epidermiszellen bilden einen lückenlosen Verband relativ gleichmäßig geformter Zellen und besitzen durch Zellwandverdickungen aus Celluloseinkrustierungen ein vergleichsweise geringes Zelllumen. Die aufgelagerte Cuticularschicht geht entlang der Mittellamelle weit nach innen, so dass sie im Querschnitt wie Spitzen aussehen, die nach unten zeigen. Bei kleiner Vergrößerung sind in meinem Fall die antiklinen Zellwände allerdings nicht auszumachen. Im Gegensatz dazu liegen die Mesophyllzellen in einer lockeren Anordnung mit Interzellularen vor und besitzen durch die dadurch geringeren Kontaktflächen mit den Nachbarzellen eine eher unregelmäßige bis kugelige Gestalt.
Safranin färbt als lipophiler Farbstoff apolare Polymere wie beispielsweise Cutin rot, während Astrablau eine Blaufärbung von Cellulose hervorruft. Aus diesem Grund ergibt sich eine deutliche Rotfärbung der Zellwandakkrustierungen in Form von Cuticularschichten sowie der darüber liegenden, wachsartigen Cuticula und die Zellwände färben sich durch den hohen Cellulosegehalt blau an.

<u>4.2 Zellwandmodifikation Gewöhnliche Waldrebe - *Clematis vitalba* (Frischpräparat)</u>

Durchführung:
Auch für die Erstellung eines Frischpräparates der Waldrebe legen wir als erstes einen Objektträger mit einem Tropfen Astrablau-Safranin-Lösung sowie ein Deckgläschen bereit. Mit der Rasierklinge fertigen wir nun einige Dünnschnitte des von der verholzten Rinde befreiten Stängels an, wobei wir keine vollen Sprossachsenquerschnitte nutzen. Diese

Schnitte geben wir in die Flüssigkeit, kippen wie beim ersten Versuch das Deckgläschen über das Objekt und beobachten und zeichnen nach obiger Anleitung.

Beobachtung:
Die bei 100facher Vergrößerung erstellte Übersichtszeichnung eines Zellverbandes offenbart je nach Grad der Verholzung runde oder polyedrisch geformte unterschiedlich große Markparenchymzellen mit kleineren Interzellularräumen. Dickwandige polyedrische Zellenfinden sich besonders im Bereich der Tunika, während nahezu runde, dünnwandige Zellen den Corpus der Sprossachse bilden. Die Dicke der geschichteten, lipophilen Inkrustierungen nimmt somit nach außen hin zu. Aufgrund der Eigenschaften der Färbelösung erscheinen uns die Einlagerungen rot.
Im Detail werden, insbesondere bei den Dickwandigen Parenchymzellen die Tüpfelkanäle sichtbar, die das Zellgefüge durchziehen und einen intrazellulären Austausch ermöglichen. In einigen Zellen finden wir im Zelllumen Reservestoffe in Form von Stärkekörnern.

4.3 Steinzellen Birne - *Pirus communis* (Frischpräparat)

Durchführung:
Bei diesem Schnitt sollen die Steinzellen der Birne betrachtet werden. Hierzu entnehmen wir einen Dünnschnitt mit Steinzellen aus dem Fruchtfleisch und geben diesen auf den Objektträger in einen Tropfen des Färbemittels. Wir warten kurz damit die Farbe einziehen kann und legen ein Deckglas auf das Präparat. Ziel ist auch bei diesem Versuch die Erstellung einer Detail- und einer Übersichtszeichnung.

Beobachtung:
Schon bei geringer Vergrößerung erkennen wir die blumenförmigen Steinzellennester der Birne, wobei die meist sechseckigen Steinzellen von länglichen Fruchtparenchymzellen wie mit Blütenblättern umgeben sind. Wie bei den vorangegangenen Objekten ist auch in dem mir vorliegenden Präparat von isodiametrischen Sklerenchymzellen in der zweidimensionalen Projektion und bei einer bis zu 400 fachen Vergrößerung weder die Vakuole noch ein Zellkern oder andere Zellorganellen erkennbar. Die stark getüpfelte Zellwand ermöglicht einen Stoff- und Informationsaustausch zwischen den Zellen. Das Plasmalemma geht an diesen Stellen durch die Plasmodesmen, welche zum Zelllumen hin fusionieren, von einer in die andere Zelle über und Plasma- sowie ER-Stränge stellen eine direkte interzellulare Verbindung her. Das Festigungsgewebe des Fruchtfleisches färbt sich aufgrund der Lignineinlagerungen rosa, während die dünnwandigen Zellen des Speichergewebes durch die Cellulose in der Zellwand blau sind.

4.4 Sklerenchymfasern Zyperngras - *Cyperus alternifolius* (Alkoholpräparat)

Durchführung:
Dünnschnitt vom Stängelquerschnitt anfertigen, auf OT in Färbelösung geben, Deckglas
Zur Betrachtung der Sklerenchymfasern im Querschnitts des in Alkohol eingelegten Zyperngrasstängels fertigen wir mithilfe der Rasierklinge einen Dünnschnitt an, bringen diesen wie bei den vorangegangenen Versuchen in Färbelösung auf den Objektträger und bedecken das Objekt für eine optimale Oberflächenspannung mit dem Deckgläschen.

Beobachtung:

Betrachten wir das Präparat des Zyperngrases unter dem Mikroskop, so fallen zunächst die rot gefärbten Sklerenchymfasern ins Auge, die sich mit ihrer nahezu dreieckigen Form an die Epidermis anlagern. Diese Festigungselemente liegen im Assimilationsgewebe des Mesophylls und laufen nach innen in Richtung Corpus spitz zu. Der Aufbau der Epidermiszellen mit aufgelagerter Cuticula ähnelt dem des Riemenblattes, wenn auch die Verdickungen nicht ganz so auffällig sind. An das Assimilationsparenchym mit Chloroplasten schließt sich das Markparenchym an, in dem auch die ebenfalls von Sklerenchymzellen umgebnen Leitbündel zu finden sind. Mit der durchschnittlichen Größe des Zellquerschnitts nimmt nach innen auch die Anzahl der Interzellularräume zu.

Die Detailzeichnung offenbart die gleichmäßig geschichteten Lignineinlagerungen der Sklerenchymfaser. Durch fasertypisch bildet sich hier eine längliche Form aus, was beim apicalen-intrusiven Wachstum dazu führt, dass sich die Zellwände zweier Zellen voneinander lösen und die Faser an ihrer Spitze in den Interzellularraum hineinwächst. Die Tüpfelung der Zellwände ist bei dem mir vorliegenden Präparat bei 400facher Vergrößerung nicht sichtbar.

<u>**Thema 5: Kristalle, Ölbehälter, Haare**</u>

Material: Lichtmikroskop, Wasser, Objektträger, Deckgläschen, Rundfilter, Rasierklinge, Pinzette, Pipette, Petrischale

Objekte: Begonie - Begonia spec. (Alkoholpräparat)
Agave - Agave americana (Frischpräparat)
Orange - Citrus sinensis (Frischpräparat)
Brennnessel - Urtica spec. (Frischpräparat)

<u>5.1 Kristalle Begonie - *Begonia* spec. (Alkoholpräparat)</u>

Durchführung:

Zur Erstellung zweier Präparate des in Alkohol eingelegten Begonienstängels geben wir als homogenes, durchsichtiges Medium zur Verminderung der Lichtbrechung einen Wassertropfen auf den Objektträger. Im Anschluss nehmen wir Haare vom Stängel ab beziehungsweise stellen für das zweite Präparat einen Dünnschnitt von einer frischen Querschnittsfläche des Sprosses her. Zur bessern Auswahlmöglichkeit eines repräsentativen Ausschnitts können wir mehrere Schnitte auf den Objektträger geben. Danach sorgt ein darüber gekipptes Deckgläschen für die nötige Oberflächenspannung des Präparates. Ziel dieses Versuches ist die Erstellung von zwei Übersichtszeichnungen der Zellverbände mit Kristallen, sowie einer Detailzeichnung unterschiedlich ausgeformter Kristalle.

Beobachtung:

Die Kristalle im Zelllumen der Begonie existieren in unterschiedlichen Formen und Größen. Sie bestehen zumeist aus Calciumoxalat, einige wenige eventuell auch aus Calciumcarbonat doch auf eine Nachweisreaktion verzichten wir an dieser Stelle aufgrund der Stärke der notwendigen Säuren. Die Gestalt der Solitärkristalle variiert zwischen polyedrisch, quader-, blüten- oder morgensternförmig. Außerdem gibt es Kristallagglomerationen, so genannte Kristalldrusen, die durch Anlagerung an einen Mutterkristall entstehen und durch Einlagerungen braun erscheinen können.

<u>5.2 Kristalle Agave - *Agave americana* (Frischpräparat)</u>

Durchführung:

Auch für die Erstellung eines Frischpräparates der Agave legen wir als erstes einen Objektträger mit einem Tropfen Wasser sowie ein Deckgläschen bereit. Mit der Rasierklinge fertigen wir nun einige dünne Längsschnitte des weißen Markes parallel zum gezähnten Rand an. Diese Schnitte geben wir in die Flüssigkeit, kippen wie beim ersten Versuch das Deckgläschen über das Objekt und beobachten und zeichnen Raphidenbündel im Kristallidioblasten des Mesophylls.

Beobachtung:

Die Blätter der zu den Sukkulenten gehörenden Agave bestehen neben dem Assimilationsparenchym mit dicken Styloiden aus viel Wasserspeichergewebe, dem Markparenchym. Die Mesophyllzellen sind relativ groß und enthalten keine Chloroplasten. Wir können im Mark außerdem eingelagerte Kristallidioblasten entdecken. Diese sind so groß, dass sie über mehrere Zellen des Parenchyms hinweg reichen. In der Vakuole dieser Idioblasten befindet sich ein Rapidenbündel, welches aus vielen kleinen, nadelförmigen Kristallen besteht, die bei Beschädigung der Zelle herausgerissen werden und verstreut über den Zellen liegend zu sehen sind. Die Raphiden sind monokline, vierkantige, an den Ecken spitz zulaufende Kristallnadeln aus Calciumoxalat

5.3 Ölbehälter Orange - *Citrus sinensis* (Frischpräparat)

Durchführung:
Ziel des Versuches ist eine Übersichtszeichnung der Anordnung der in verschiedenen Stadien befindlichen Ölbehälter unter der Epidermis bei 100facher und eine Detailzeichnung eines lysigenen Ölbehälters mit umliegendem Gewebe bei 400facher Vergrößerung.
In Folge der Vorbereitung des Objektträgers, stellen wir einen dünnen Querschnitt aus der Orangenschale her, geben diesen in den Wassertropfen und legen das Deckgläschen darüber.

Beobachtung:
Wir beobachten lysigene Ölbehälter in verschiedenen Stadien, die durch Fusion der einzelnen Zellen mit Öltröpfchen entstehen. Dadurch fließen diese zu einem großen Tropfen zusammen, der den gesamten Zellinnenraum einnehmen kann. Die Öle gehören, ähnlich wie auch die Kristalle und beispielsweise Harze, zu denjenigen Stoffwechselprodukten der Pflanze, die für sie nur eine untergeordnete Bedeutung haben. Als Endprodukte werden sie meist nur in den Pflanzen deponiert. Auffällig ist insbesondere die Größe der Ölbehälter im Vergleich zu den kaum differenzierbaren Epidermiszellen.

5.4 Haare Brennnessel - *Urtica* spec. (Frischpräparat)

Durchführung:
Bei diesem Präparat sollen die Brennhaare der *Urtica* Species betrachtet werden. Hierzu entnehmen wir einige Haare mit Fuß von Stängel oder Blatt der Brennnessel und geben diese auf den Objektträger in einen Tropfen Wasser. Wie in den vorhergehenden Versuchen legen wir danach ein Deckglas auf das Präparat und erstellen eine Übersichtszeichnung zum Vergleich eines Brennhaares mit und ohne Köpfchen.

Beobachtung:
Die mitsamt dem Fuß abgenommenen Haare betrachten wir unter dem Mikroskop bei 100facher Vergrößerung und zeichnen vergleichend zwei repräsentative Trichome. Erkennbar wird dabei zunächst der Bulbus im Gewebesockel. Dieser Sockel besteht neben epidermalen Zellen auch aus hypodermalen Zellen, die direkt unter der äußersten Zellschicht des Sprosses liegen. Der chloroplastenhaltige Sockel wird als Emergenz unter Beteiligung der subepidermalen Gewebe gebildet und kann aus diesem Grund eigentlich nicht als Haar bezeichnet werden. Das Brennhaar selbst ist ein einzelliges Trichom mit teils sichtbarem Zellkern und Plasmasträngen, sowie Köpfchen und Sollbruchstelle.
Ein Trichom bezeichnet im Allgemeinen haarähnliche Strukturen an der Oberfläche von Pflanzen. An seiner Spitze befindet sich ein so genanntes Köpfchen, welches bei Berührung durch Verkieselung an der Sollbruchstelle abbricht. Zurück bleibt eine scharfe Kante, die sich in die Haut bohrt und das enthaltene Gemisch aus Natriumformiat, Histamin und dem physiologischen Neurotransmitter Acetylcholin, der die Nervenimpulse von einem Nerv auf den anderen oder auf das Erfolgsorgan überträgt.

Thema 6: Blattquerschnitt, Spaltöffnung

Material: *Lichtmikroskop, Wasser, Astrablau-Safranin-Lösung, Objektträger,*
Deckgläschen, Rundfilter, Rasierklinge, Pinzette, Pipette, Petrischale,
Styroporquader

Objekte: *Christrose - Helleborus niger (Frischpräparat)*
Mais - Zea mays (Frischpräparat)
Kiefer - Pinus spec. (Frischpräparat)

6.1 Blattquerschnitt und Spaltöffnungen Christrose - *Helleborus niger*

Durchführung:

Zur Erstellung zweier Präparate des Christrosenblattes geben wir als homogenes, durchsichtiges Medium zur Verminderung der Lichtbrechung einen Wassertropfen auf den Objektträger. Im Anschluss fertigen wir mithilfe des Styroporquaders wie gewohnt einen Dünnschnitt des Blattquerschnittes an, beziehungsweise ritzen für das zweite Präparat die Blattunterseite an und ziehen mit der Pinzette ein Stück der unteren Epidermis ab. Zur bessern Auswahlmöglichkeit eines repräsentativen Ausschnitts können wir jeweils mehrere Schnitte auf den Objektträger geben. Danach sorgt ein darüber gekipptes Deckgläschen für die nötige Oberflächenspannung des Präparates. Ziel dieses Versuches ist die Erstellung einer Übersichtszeichnung des Blattaufbaus im Querschnitt, sowie von einer Übersichts- und zwei Detailzeichnungen der Spaltöffnungen.

Beobachtung:

Bei 100facher Vergrößerung erkennen wir im Querschnitt deutlich den typischen Aufbau eines Laubblattes. Von oben nach unten reihen sich so die Schichten der oberen Epidermis, des Palisaden- und Schwammparenchyms mit den Leitbündeln und die untere Epidermis mit Spaltöffnungen. Auffällig sind außerdem die starke Ausprägung der Cuticula und die Dicke des Durchlüftungsgewebes.

Der Spaltöffnungsapparat im Detail zeigt charakteristische Formen und wird aus diesem Grund als Helleborus-Typ bezeichnet. Er ist, von der Blattunterseite betrachtet, gekennzeichnet durch bohnenförmig aneinander gelagerte Schließzellen, die durch den Zentralspalt eine Öffnung in der sonst lückenlos gelagerten Epidermis bilden. Im Querschnitt sind die Schließzellen mit stark verdickten Membranen nach außen und innen erkennbar, zur benachbarten Epidermiszelle besteht dagegen eine dünnere Wand und eine Verbindung über das Hautgelenk. Vor- und Hinterhof werden durch Wachsauflagerungen im Zentralspalt und entsprechenden Leisten teilweise abgegrenzt.

6.2 Blattquerschnitt und Spaltöffnungen Mais - *Zea mays*

Durchführung:

Auch für die Erstellung der Frischpräparate des Maisblattes legen wir als erstes einen Objektträger mit einem Tropfen Wasser oder Färbelösung sowie ein Deckgläschen bereit. Mit der Rasierklinge fertigen wir nun einige dünne Querschnitte des in Styropor eingespannten Blattes an. Diese Schnitte geben wir in die Flüssigkeit, kippen wie beim ersten Versuch das Deckgläschen über das Objekt und beobachten und zeichnen den Querschnitt in der Übersicht.

Zur Betrachtung der Spaltöffnungen erstellen wir ein Präparat der unteren Epidermis, indem wir ein einzelnes Maisblatt mit der Unterseite nach oben über den linken Zeigefinger legen, festklemmen und vorsichtig anritzen. Mit der Pinzette reißen wir wie bei der Christrose ein Stück der unteren Epidermis ab, geben es auf den Objektträger und legen ein Deckglas darauf.

Beobachtung:
Das Maisblatt im Querschnitt besteht aus relativ runden Epidermiszellen der Ober- und Unterhaut und dem Mesophyll mit integrierten Leitbündeln. Daneben liegen weitere Gefäßbündel eingebettet in einen Ring aus Bündelscheidenzellen. Das Assimilationsparenchym ist hier mehr oder weniger dicht gelagert und von Interzellularen durchzogen. Spaltöffnungen des Gramineen-Typs und die dahinter liegende substomatäre Höhle sind in der unteren Epidermis erkennbar und besitzen Schließzellen mit einer in Aufsicht typischen Hantelform. Die nahezu rechteckigen Epidermiszellen sind hier in relativ gleichmäßigen Reihen angeordnet, wobei die Spaltöffnungsapparate stets in einzelnen Reihen auftreten.

6.3 Blattquerschnitt und Spaltöffnungen Kiefer - *Pinus* spec.

Durchführung:
Ziel des Versuches ist eine Übersichtszeichnung des Blattaufbaus im Querschnitt bei 100facher Vergrößerung. In Folge der Vorbereitung des Objektträgers schnitzen wir für diesen Versuch, wie in den vorherigen Versuchen, mit der Rasierklinge den länglichen Styroporquader an einer der beiden kleineren Flächen zu einer Satteldachform zu, von der wir der Länge nach die Spitze entfernen. Den ca. 2 cm tiefen Schnitt von der Mitte der entstandenen 2mm breiten Fläche senkrecht nach unten können wir durch seitlichen Druck einen Schlitz weit öffnen. Auf diese Weise können wir eine Kiefernnadel in das Schaumpolystyrol einspannen und mit der Rasierklinge in hauchdünnen Schichten abtragen. Auch hier empfiehlt sich die Anfertigung mehrer Schnitte, die zur bessern Anschaulichkeit der Strukturen auch mit Astrablau-Safranin-Lösung angefärbt werden können.

Beobachtung:
Bei der Betrachtung des xenomorphen Baus des Kiefernblattes sind gravierende Unterschiede im Vergleich zu den in den vorhergehenden Versuchen betrachteten Laubblättern auffällig. So besitzen die äquifazialen Nadelblätter stark verdickte Epidermiswände, eingesenkte Stomata des Koniferen-Typs und ein hypodermales Sklerenchymgewebe, um Stabilität und eine starke Einschränkung des Wasserverlustes zu ermöglichen. Das Assimilationsparenchym besitzt Wände, die ins Zellinnere vorspringen (Armpalisaden), und beinhaltet Harzkanäle mit Sekretzellen und sklerenchymatischer Scheide. Zwei kollaterale Leitbündel liegen als Doppelstrang im Transfusionsgewebe aus tracheidalen und plasmareichen Zellen vor, die für den Wasser- und Stoffaustausch mit dem Blattgewebe verantwortlich sind. Die Endodermis ist abgetrennt mit einem Caspary'schen Streifen und trennt so das Photosyntheseparenchym vom Transfusionsgewebe.

Thema 7: Leitbündel

Material: *Wasser, Astrablau-Safranin-Lösung, Resorcinblau-Lösung, Objektträger,*
              Deckgläschen, Lichtmikroskop, Rundfilter, Rasierklinge, Pinzette, Pipette,
              Petrischale, Styroporquader

Objekte: *Mais - Zea mays mit SCMV (Alkoholpräparat)*
             Hahnenfuß - Ranunculus spec. (Alkoholpräparat)

7.1 Leitbündel Mais - Zea mays mit SCMV

Durchführung:
Zur Erstellung des ersten Präparates des Maissprosses geben wir als homogenes Medium zur
Verminderung der Lichtbrechung einige Tropfen Astrablau-Safranin-Lösung auf den
Objektträger. Im Anschluss fertigen wir wie gewohnt einen Dünnschnitt von einer frischen
Schnittfläche des Blattquerschnittes an (kein voller Querschnitt). Zur bessern
Auswahlmöglichkeit eines repräsentativen Ausschnitts können wir jeweils mehrere Schnitte
auf den Objektträger geben. Danach sorgt ein darüber gekipptes Deckgläschen für die nötige
Oberflächenspannung des Präparates. Ziel dieses Versuches ist die Erstellung einer
Übersichtszeichnung des Stängelquerschnitts mit den über die Sprossachse verteilten
Leitbündeln, sowie von einer Detailzeichnungen eines geschlossen kollateralen Leitbündels
im Querschnitt.
Bei unserem zweiten Präparat nutzen wir als Färbemittel der Callose einige Tropfen
Resorcinblau-Lösung, die wir wie zuvor auf den Objektträger geben. Danach fertigen wir
Längsschnitte durch die Leitbündel an, geben diese in die Flüssigkeit und bedecken die
Präparate mit dem Deckgläschen. Eine Detailzeichnung der Gewebestrukturen aus dem
Bereich der Leitbündel erstellen wir bei 400facher Vergrößerung.
Beobachtung:
Bei 40facher Vergrößerung erkennen wir im Querschnitt deutlich den Aufbau eines Stängels:
Von außen nach innen reiht sich an die Epidermis mit aufgelagerter Cuticula das
Markparenchym mit Leitbündeln. Letztere sind bei dieser monokotylen Pflanze sehr
zahlreich und verteilt über die gesamte Fläche des Mesophylls. Wie die Größe der einzelnen
Markzellen wachsen auch die Größe und der Grad der Differenzierung der Leitbündel, die
jedoch stets mit dem Phloem nach außen hin zeigen.
Durch die Lignifizierung rot eingefärbte Leitbündelscheidenzellen, die nur vereinzelt von
Durchlasszellen durchbrochen werden, bilden eine im Detail sichtbare Abgrenzung zum
Markparenchym. Zwischen den Siebröhren des Phloems liegen die kleineren,
plasmahaltigen Geleitzellen, die für die Steuerung des Stofftransports verantwortlich sind.
Die meist drei bis vier großen Tracheen besitzen aus der Zellwandauflösung Reste der
Querwand, die die Innenseite der Ring-, Schrauben-, Netz- oder Tüpfelgefäße verstärken.
Durch rexigene Zellfusion entstandene Interzellulargänge grenzen an die Tracheen und
zeigen ins Zentrum des Sprosses.
Im Längsschnitt erscheinen die benannten Strukturen der Leitbündel bei kleinster
Vergrößerung als dunkle Streifen im farblosen Markparenchym aus großen, oft
quaderförmigen Zellen. In den Gefäßen des Xylems sind bei einer Vergrößerung von 40x10 in
meinem Präparat deutlich die Tracheenaussteifungen in Ring- und Netzform erkennbar. An
den Siebplatten des Phloems finden sich durch Resorcinlösung blau gefärbte Auflagerungen
aus Callose, durch welche die Pflanze den Stofftransport durch die Siebporen unterbricht,

um die Ausbreitung des Virus zu verhindern. In meinem Präparat liegen die Gefäße des Wasserleitungsgewebes aufgrund des Schnittes zwischen den Siebröhren; Geleitzellen sind hier nicht erkennbar.

7.2 Leitbündel Hahnenfuß - *Ranunculus* spec.

Durchführung:
Ziel des Versuches ist eine Übersichtszeichnung des Stängelaufbaus im Querschnitt bei 40facher Vergrößerung, sowie einer Detailzeichnung eines offen, kollateralen Leitbündels im Querschnitt. In Folge der Vorbereitung des Objektträgers mit einigen Tropfen Astrablau-Safranin-Lösung schnitzen wir für diesen Versuch mit der Rasierklinge den länglichen Styroporquader an einer der beiden kleineren Flächen zu einer Satteldachform zu, von der wir der Länge nach die Spitze entfernen. Den ca. zwei cm tiefen Schnitt von der Mitte der entstandenen 2mm breiten Fläche senkrecht nach unten können wir durch seitlichen Druck einen Schlitz weit öffnen. Auf diese Weise können wir den Hahnenfußstängel in das Schaumpolystyrol einspannen und mit der Rasierklinge in hauchdünnen Schichten abtragen. Auch hier empfiehlt sich die Anfertigung mehrer Schnitte einer frischen Schnittfläche, die wie gewohnt mit Deckgläschen bedeckt werden.

Beobachtung:
Bei der Betrachtung des Stängelquerschnitts des dikotylen Hahnenfußes im Vergleich zu dem Stängelquerschnitt des Maissprosses im vorhergehenden Versuch ist die ringförmige, konzentrische Verteilung der Leitbündel ausgehend von der zentralen Markhöhle auffällig. Im Verhältnis zu der Fläche des Sprossquerschnitts wirken die mit dem Phloem nach außen zeigenden Leitbündel recht groß, sind zahlenmäßig jedoch deutlich weniger als beim Mais.
In einem einzelnen offen, kollateralen Leitbündel erkennen wir kreisförmig angeordnet das Phloemparenchym aus hell erscheinenden Siebröhren und dunkleren, kleinen Geleitzellen. Davon abgetrennt durch das Parenchym finden wir die großräumigen Tracheen und kleinere Tracheiden des Xylems. Umgeben von sklerenchymatischen Leitbündelscheidenzellen liegen die Leitbündel so im Markparenchym und sind mit diesem über Durchlasszellen verbunden.